聪颖宝贝科普馆

HAIYANG DONGWU

# 海洋动物

段依萍◎编著

辽宁美术出版社

**图书在版编目(CIP)数据**

聪颖宝贝科普馆. 海洋动物 / 段依萍编著. —沈阳:
辽宁美术出版社, 2020.8

ISBN 978-7-5314-8826-2

Ⅰ.①聪… Ⅱ.①段… Ⅲ.①科学知识—学前教育—
教学参考资料 Ⅳ.①G613.3

中国版本图书馆 CIP 数据核字(2020)第 147617 号

出　版　者:辽宁美术出版社
地　　　址:沈阳市和平区民族北街 29 号　　邮编:110001
发　行　者:辽宁美术出版社
印　刷　者:北京市松源印刷有限公司
开　　　本:889mm×1194mm　1/16
印　　　张:6
字　　　数:40 千字
出版时间:2020 年 8 月第 1 版
印刷时间:2023 年 4 月第 2 次印刷
责任编辑:李欣阳
装帧设计:宋双成
责任校对:郝　刚
书　　　号:ISBN 978-7-5314-8826-2
定　　　价:88.00 元

邮购部电话:024-83833008
E-mail:lnmscbs@163.com
http://www.lnmscbs.cn
图书如有印装质量问题请与出版部联系调换
出版部电话:024-23835227

# 前言
## FOREWORD

地球表面超过70%的面积是海洋。在遥远的过去，地球上只有海洋，没有陆地，就连最早的生命都是从海洋里诞生的。换句话说，是海洋哺育了地球生命。即使是现在，广阔无垠的海洋依旧是万千生物的乐园。

经过几亿年的演化与发展，现代的海洋动物和远古时代比起来，种类和数量变得更加丰富、繁多，就连外表也发生了变化。

你想知道辽阔而深邃的海洋里都有什么神奇的动物吗？欢迎来到奇妙的《海洋动物》中寻找答案。在这里，有海洋巨兽蓝鲸、海洋杀手鲨鱼、聪明的海豚、还有可爱的小丑鱼、拥有奇特繁殖方式的海马、五彩斑斓的珊瑚……它们有的聪明可爱，有的脾气暴躁；有的身体庞大如山，有的小得肉眼都看不清楚……

《海洋动物》精心编选了令孩子们着迷的海洋动物知识，图书内容丰富，编排科学合理，极具知识性和趣味性。高清精美的图片，专业的文字解说，带领孩子走进神秘多彩的海洋动物世界。那么，哪种海洋动物最讨你的喜欢呢？是威风凛凛的大鲨鱼，还是绚丽多彩的珊瑚，或者是调皮捣蛋的蝠鲼？如果你还想了解更多，那就赶快翻开《海洋动物》一书，和它们一起愉快地玩耍吧！

编　者

# 目录
## CONTENTS

# 目录
CONTENTS

3

# 双目同侧的**比目鱼**

之所以被称为比目鱼是因为这些鱼的眼睛都长在了头的同侧,十分古怪。

## 小档案

**别称:**鲽鱼

**科名:**鲽科

**特征:**长舌形、长椭圆形或者卵圆形的身体,最大体长达 5 米,躯体整个呈侧扁状

**分布:**各大洋的暖热海域

**食物:**底栖无脊椎动物、鱼类

## 眼睛"搬家"

事实上，比目鱼的眼睛并不是一生下来就长在头的一侧，幼年时期，比目鱼的眼睛像人类一样，分布在脑袋的两侧。但是在它们的生长过程中，其中一侧的眼睛会慢慢移动，逐渐越过头的上边缘，来到另一只眼睛的旁边，完成"搬家"。

## 身体会变色

比目鱼拥有改变自身颜色的特殊本领，为了达到隐藏的目的，它们能够根据周围环境的颜色调整体色。例如比目鱼将自己埋在沙里等待猎物时，会将自己身体的颜色变为沙的颜色。

## 有趣的生活习惯

在水中游动的时候，比目鱼始终保持一个姿势，即有眼睛的侧面朝上，这跟其他鱼类非常不同。此外，比目鱼还能将眼睛的优势很好地运用到捕猎中。它们潜到海底，用沙子将身体盖住，只留下眼睛观察周围的环境，就这样等待猎物上门。

## 外形特征

　　雄性虎鲸的个头要比雌性虎鲸的个头大一些，一般在 10 米左右，而雌性虎鲸只有 6—8 米。虎鲸的眼睛分布在躯体上部，眼睛的后面有一块白色的区域，通常称为白斑。这样的白斑在虎鲸的身体两侧也有。虎鲸的背上有一个三角形形状的鱼鳍，用来在海里游泳，必要的时候还可以攻击敌人。虎鲸的嘴巴很大，牙齿也很锋利，张开嘴时凶神恶煞。

## 性情凶猛

　　虎鲸不仅看着凶残，事实上虎鲸的性情也很凶猛，可以说是海洋中最厉害的猛兽。

37

# 牙齿锋利的**虎鲨**

虎鲨并不都长一个样子，它们身上的横纹宽、窄不一。中国现有两种：宽纹虎鲨和狭纹虎鲨。

## 什么都吃

虎鲨的食物很丰富，没有什么规律，几乎什么肉食性食物都吃。虎鲨的视力和嗅觉都很好，它能轻易觉察到猎物的状态，从而精准地进行捕食。

## 体型粗大

虎鲨的体型总体上是粗短的，但是很宽，所以可以说是粗大。虎鲨的眼睛很小，眼睛的下面有一个很小的喷水孔，鼻孔有鼻口沟，嘴巴平横。

## 牙齿坚硬

虎鲨的牙齿非常坚硬，在一些落后的岛上常被用作武器。虎鲨跟其他鲨鱼一样，有成排的替代牙齿，当有牙齿坏掉时，替代的牙齿就会立即补上来。虎鲨一年大概会毁坏 1500 颗牙齿。

### 小档案

**科名**：虎鲨科
**特征**：具有锐利的牙齿，与人类相似，前方有门牙，两侧则为齿状，宽短的尾鳍呈帚形
**分布**：温带和热带水域
**食物**：甲壳类动物、软体动物、小型海兽、海鸟、乌贼、鱼、动物尸体、垃圾等

# 会"叹息"的灰鲸

灰鲸的身上有些白色的斑块,是鲸虱和藤壶类构成的,这些体外寄生物的斑块成了该种的特征之一。

**小档案**

**别称:**掘贝者、克鲸、弱鲸
**科名:**灰鲸科
**特征:**没有背鳍,"V"形的头,头顶凹陷的地方分布着喷气孔
**分布:**温带海域
**食物:**浮游性小甲壳类、鲱鱼的卵、游鱼

## 潜水习性

灰鲸的潜水分为浅潜水和深潜水两种,为了呼吸顺畅,灰鲸一般是浅潜水时呼吸数次,然后进行深潜水。灰鲸潜水时一般持续 17 分钟左右,可以前进大约 1000 米。除此之外,灰鲸游泳的速度也很慢,一小时大约为 3—4 海里,最快不超过 8 海里。

## 奇怪的发声

灰鲸有时会发出一种奇怪的声音,听起来像是在叹息。这种声音发一次大概需要 2 秒钟,在一个小时内会发出 50 次左右。

41

# 清洁能手寄居蟹

寄居蟹一般生活在沙滩和海边的岩石缝隙里，它是一种杂食性动物，被称为"清道夫"。

## 长得像虾

寄居蟹的外形很奇怪，既有虾的特点，又有蟹的特点。寄居蟹的外面有一个螺壳，大多数时候它就待在壳里。

寄居蟹的身型很长，整体上分为头部、胸部和腹部。它的头、胸部的大部分都覆盖着头胸甲，相对头、胸部，它的腹部比较长，只有少数的寄居蟹腹部比较短。

### 🔶 背着铠甲到处跑

寄居蟹的铠甲来自被自己捕食的猎物，但它必须背着铠甲来回移动。由于铠甲的原因，寄居蟹的左右螯脚通常是不一样大的。

### 🔶 清理垃圾

寄居蟹是一种杂食性的动物，海边的藻类、食物残渣、小动物残骸这些东西都是寄居蟹的食物。有的养鱼的家庭还会养几只寄居蟹在鱼缸里，用来清理鱼缸的垃圾。

# 独自行动的鲸鲨

鲸鲨不仅是鲨鱼中最大的个体，还是最大的鱼类，通常体长可达 9 米—12 米。

## 爱晒太阳

鲸鲨不是群居动物，只在很少的情况下会一起行动，比如在食物丰富的地方集中捕食。除此之外，不同性别的鲸鲨活动范围也有差异，一般情况下雄性鲸鲨的活动范围要比雌性鲸鲨的活动范围更广。鲸鲨游起来很慢，而且喜欢漂浮在海面上晒太阳。

## 滤食动物

鲸鲨捕食的时候,会将嘴巴最大限度地张大,这样猎物就会随着海水一同涌进鲸鲨的嘴里,等到差不多的时候,鲸鲨就会将嘴巴闭上,然后从鳃耙的缝隙将水过滤掉,只留下食物。

### 小档案

**别称**:大憨鲨、豆腐鲨
**科名**:鲸鲨科
**特征**:身体十分粗壮,每侧都具有两个皮嵴,
　　　　十分明显,眼睛很小,巨大的口
**分布**:各热带和温带海区
**食物**:浮游生物和小鱼等

## 嘴巴和头一样宽

鲸鲨的表皮分布着许多黄色的斑点和纹理,皮肤总体颜色为灰褐色,有时还有青褐色。鲸鲨的嘴巴很大,几乎和头一样宽,里面分布着数百颗细小的牙。

# 发育迅速的蓝鲸

身躯瘦长的蓝鲸背部呈现青灰色，但是蓝鲸在水里的时候，人们看起来会觉得颜色淡了很多。

### 体型最大的动物

蓝鲸是现存动物中体型最大的，最长可以达到 33.5 米左右。蓝鲸的脊背一般呈现蓝灰色，腹部则因为带有赭石色黄斑呈现黄色。蓝鲸的尾巴作用很大，蓝鲸游动时既需要尾巴摆动来前进，也需要尾巴来掌握方向。

### 食量惊人

蓝鲸捕食虾时，通常将海水和虾一同吞进嘴里，然后浮出海面将水滤去，再将虾吞进腹里。蓝鲸一天需要进食 4 吨食物，而当蓝鲸的腹内食物不足 2 吨时，它们就会非常饿。

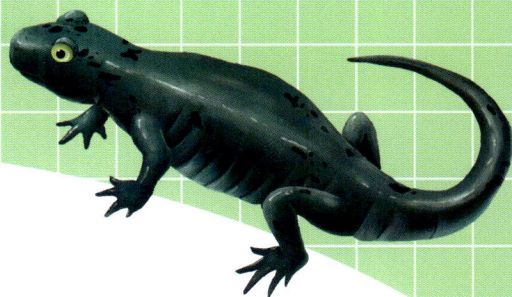

# 前言
## FOREWORD

　　这本书里，你将认识一大类起源于三四亿年前的动物。本书介绍了一些两栖动物的基础知识，带领爱好动物的读者们走入两栖动物的世界。这里有擅跳的青蛙，有会分泌致命毒液的蟾蜍，它们都是无尾目的两栖动物，除了这些常见的，还有更多奇形怪状的两栖动物，如蝾螈、小鲵等。它们有怎样的行为、习性以及饮食习惯？它们生活在何处？又是如何繁殖的？这本书里都有详细介绍。

　　动物们会像人类一样分工协作，也有自己独特的生存策略和智慧。关注两栖动物生存现状，可以让读者以新的视角思考动物世界。这不仅仅是一本单纯介绍两栖动物的读本，更是增强科学精神、培养关爱意识的成长图书。

编　者

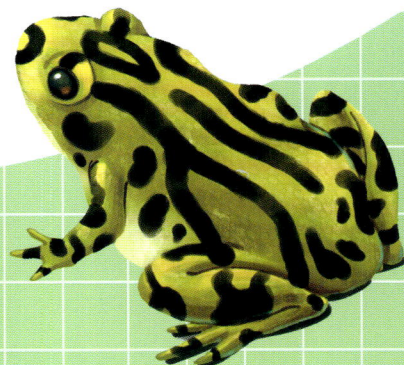

# 目录
CONTENTS

# 目录
CONTENTS

# 台湾特有的**阿里山小鲵**

三四月可在流溪内发现成形鲵,七月中旬可见到幼体,可在流溪内繁殖。

4

## 台湾特有物种，长于水边

　　阿里山小鲵是台湾特有物种，生活在海拔2000—3650米植被繁茂的中高山区域。成年个体常栖息于林下溪边、沼泽苔藓丰富且水流缓慢的地方。

## 身体光滑，四肢细小

　　阿里山小鲵特点显著，犁骨齿甚长，列于内，长度可达舌宽的六七倍，后端一直延伸到眼眶后部；长有肋沟，第五趾呈发育不完全的短突状；身体为深褐色，长有黄褐色颗粒状斑点。雄鲵全长8.6—11.5厘米，雌鲵全长8—9.2厘米，雌雄鲵尾长均占体长的50%以上。阿里山小鲵背部皮肤没有凸起，头部呈扁平状，耳后腺酷似椭圆形，其颈部长有明显的褶皱。它们长有细长的四肢，四肢都有趾。除此以外，雄性阿里山小鲵肛孔前长有一个名为乳突的特殊结构。

# 农民的小助手斑腿泛树蛙

斑腿泛树蛙喜好安静、潮湿的环境,因此多见于稻田以及阴凉的灌木丛中。繁殖季节来临时,雄蛙通过鸣叫的方式吸引雌蛙前来求偶。

## 体型扁长,雄性有声囊

斑腿泛树蛙体型扁长,头部扁平,鼓膜大而明显,指间不长蹼,趾端长有吸盘和边缘沟,后肢细长。背面颜色有浅棕色以及褐绿色,有"X"形斑纹或纵条纹,间有深色斑点。腹部呈乳白或乳黄色,咽喉部布满了褐色斑点。雄蛙有声囊和雄性线,长有婚垫。

### 小档案

**科名:**树蛙科
**特征:**身体为淡淡的棕色,背部颜色稍深,为浅棕色,雌蛙比雄蛙稍大,体长大约6厘米
**分布:**印度、中国、印尼
**食物:**小型昆虫
**习性:**白天休息,夜间活动

## 繁殖习性特别

斑腿泛树蛙的繁殖方式比较特别。特殊性首先表现在发育环境上,一般蛙类将卵产在水中,而斑腿泛树蛙等树栖习性的蛙类把卵产在水外,受精卵也在水外发育。直到蝌蚪孵化后才进入水中发育、成长。

斑腿泛树蛙的繁殖季节集中于四到九月,五月是它的产卵高峰期。

其特殊性也表现在卵的形态上。与其他蛙类产的卵不同,斑腿泛树蛙的卵群散布为一个个略呈梨形的泡沫团。

# 生性暴躁的丛蛙

丛蛙喜欢栖息于树上，用以躲避天敌的攻击。它分泌的毒液带有颜色，用来吓唬天敌。

**小档案**

**别称:** 绿丛蛙

**科名:** 树棘蛙科

**特征:** 有艳丽的体色,两只带有黑色的眼睛很大,拥有发达的皮肤腺,指、趾间都是没有蹼的

**分布:** 巴拿马、尼加拉瓜、哥伦比亚等地

**习性:** 树栖生活

## 美艳的杀手

　　丛蛙体型小，身长 2—4 厘米，眼睛特别大，趾间无蹼。它的体色艳丽，但千万不要被它美丽的外表迷惑，因为它含有剧毒。它的皮肤腺可以分泌一种独特的生物碱毒素，这种毒素毒性很强，甚至可以使成年人丧命。丛蛙凭此自保。很久以前，南美洲的印第安人便收集这种毒液，涂在箭头上，用以制敌。

## 领地意识强，喜爱战斗

　　丛蛙一个月可交配 2—4 次，平均 10 天就可以产一窝卵。丛蛙的领地意识很强，两个领地相近的雄蛙常常为了争夺配偶进行战斗。它们首先对侵入领土的同类鸣叫，试图用声音吓跑对方，如果此时对方还不离开，它们会用强壮的前肢与入侵者进行厮杀。在遇到大规模入侵时，整个种群的丛蛙都会加入争夺领地的战斗。

# 捕食能手中华大蟾蜍

中华大蟾蜍有两大药用价值，一是蟾酥，二是蟾衣，都是极其珍贵的中药材。

### 🔶 会分叉的舌头

中华大蟾蜍形态近似于青蛙，体长可达 10 厘米以上。雌性较大，背部分布有浅灰色斑纹，瘰疣呈乳黄色；雄性体型较小，背部多为灰绿色，身体两侧长有浅色斑纹。它们的皮肤像砂纸一样粗糙，全身布满了大大小小的圆形疣粒。

中华大蟾蜍的舌面可以分泌大量黏液，舌尖可以分叉，这种分叉结构便于随时翻出嘴外捕食猎物。它前肢短，后肢长；趾端无蹼，步行缓慢。雄蟾前肢内侧 3 指长有黑色婚垫，但没有声囊。

## 水陆两栖的捕食高手

中华大蟾蜍属于水陆两栖爬行动物,喜欢潮湿温暖的环境。它们喜欢夜行,日间常常栖息于河边及砖石孔等地方;傍晚至清晨,人们常常在池塘看见它们的身影,夜间及雨后的河沟、菜园、路旁及房屋是它们最喜欢的觅食地点。当气温下降至10℃以下时,它们会寻找砖石洞、土穴等温暖适宜的地方冬眠;气温回升后,它们便苏醒过来,在水池朝阳面的浅水区域活动,准备繁殖后代。

### 小档案

**别称**:癞蛤蟆、癞肚子、大蟾蜍

**科名**:蟾蜍科

**特征**:粗壮的身体,宽大的头,一双大眼睛十分突出,阔大的口,圆圆的吻端有显著的吻棱

**分布**:俄罗斯、中国、朝鲜

**食物**:蚯蚓、蜗牛、甲虫、蚂蚁、蛾类

# 活化石大鲵

大鲵,它的叫声酷似婴儿啼哭,因此被称作"娃娃鱼"。它是两栖动物中体型最大的一种,身体呈扁平状。

## 小档案

**别称**:腊狗、脚鱼、孩鱼、娃娃鱼

**科名**:隐鳃鲵科

**特征**:扁平的大脑袋,头显得较长,小眼睛没有眼睑,吻端又钝又圆,附近长有椭圆形的鼻孔,且鼻间距较大

**分布**:中国、美国、日本

**食物**:甲壳类、鱼类

## ✎ 有责任心的父母

每到夏季的七八月份,雌大鲵会在水底的石缝间产下成千上万枚卵;这些卵附着在长长的卵带上,卵带能起到保护的作用。

雄大鲵是卵的忠诚守护者。它们用弯曲的身体护住卵,避免卵被水冲走或遭敌人攻击。2—3 周后,幼鲵会孵化出来,15—40天后,幼鲵便可独自生活,这时,雄大鲵才会安心离开。

## 长寿的"活化石"

大鲵在地球上存活了大概三亿年。因此有"活化石"的美誉。它甚至比人类还长寿。最久可以活到 100 岁。游泳时依靠摇动躯干和尾巴前进。

## 保护"进行时"

由于大鲵肉质细腻，味道鲜美，且身体很多部位可以做成药材，有很高的经济价值，所以它长期遭受人类的捕杀。再加上人类对生态环境的破坏，导致大鲵的数量急剧下降。好在人类意识到了问题的严重性，纷纷通过建立保护区、人工培育等方法保护我们的"活化石"。

13

别称：水蛙
科名：蛙科
特征：扁平的脑袋，头是长形的，吻端比下唇还
　　　突出，有明显的吻棱，鼓膜较大，有两端
　　　斜行的犁骨齿
分布：中国
食物：蚂蟥、蜈蚣、多种昆虫

# 演奏家弹琴蛙

弹琴蛙的产卵季节集中于四五月。它们常常把自己
的卵产在阴暗的池塘，也有部分弹琴蛙把卵产在泥洞中。

## 叫声悦耳

弹琴蛙叫声悦耳，顾名"弹琴蛙"。雄蛙平均体长4.5厘米，雌蛙略大，体长4.7厘米。躯体肥硕，皮肤光滑；背部为灰棕色或蓝绿色，肛门周缘及背部后端有少量扁平状的疣粒分布。身体呈现为浅灰色，长有少许棕色斑纹。雄性长有声囊，鸣声低沉。

## 喜爱水边生活

该蛙多生活于海拔30—1800米山区的梯田、水草地及池塘附近。成体蛙白天隐匿于石缝及土洞中，阴雨天及夜晚外出捕食。四到七月是弹琴蛙的繁殖季节，在水田、池塘及水沟可见团状的蛙卵。

# 不用休眠的东方蝾螈

东方蝾螈身上有艳丽的色彩,并且长相十分讨人喜爱,与"娃娃鱼"极为相似,但是由于其身上有剧毒,因此只能作为观赏动物。

## "T"型朱红色斑

东方蝾螈最显著的特征在它的背部及颈部。它的背面整体发出黑色蜡状光泽,大部分个体背面没有斑纹,个别个体可以看到不明显的图案。它的腹部呈朱红色,分散有黑斑。绝大多数个体在颈部后方到后腹部位置有一块典型的"T"型红色色斑。

## 冬季不休眠

在浙江地区生活的蝾螈一年四季均不休眠。尤其在产卵季节最容易被人类发现。它们喜欢安静，白天常常藏匿在水底或者水草根部，偶尔会到水面呼吸；寒冬时节，蝾螈常在潮湿温暖的土洞及石缝中躲避凛冽的寒风；当池塘的水干涸或者水面结有薄冰之时，则藏匿在水草底部甚至陆地上的石头下面过冬。它们的幼体长有外鳃，往往在溪塘的水草间嬉戏。当幼体成熟后，大多栖息在石缝和土洞中。六到八月是幼体蝾螈的生长期。

# 全身白色的洞螈

因为长期在黑暗处生活的缘故,洞螈的眼睛完全退化,没有眼睑,眼球内不含视神经。有光照时,它的肤色可变为黑色,回到黑暗的地方皮肤又恢复原状。

## 生存能力极强

洞螈的生存能力极强，在没有食物的环境下，可生活长达 6 年。它主要通过鳃呼吸，在洞穴的低温环境下，以极低的代谢状态维持生命。

## 退化的眼睛

洞螈长期生活在幽暗的环境中，这导致它们的视觉功能完全丧失，甚至眼球都退化了，皮肤中完全没有色素；但是当洞螈重新回到有光线的地方时，它们将重新长出眼球，但是眼球没有光感，皮肤也会变成黑褐色。

### 小档案

**别称**：盲螈

**科名**：洞螈科

**特征**：短短的身体为白色，小脑袋，脑袋后面和身体外侧长了 3 对腮，颜色是透明的红色

**分布**：斯洛文尼亚、黑山

**食物**：无脊椎动物

# 杀手箭毒蛙

箭毒蛙生活于地面,但是鲜有天敌。这是因为其周身分布有由毒液腺分泌的毒液。170多种箭毒蛙基本都有毒。

## 小档案

**别称**:毒标枪蛙、毒箭蛙

**科名**:箭毒蛙科

**特征**:体长 1—5 厘米,体型较小,身体有黑色、红色、黄色、橙色、粉红色、绿色、蓝色等颜色

**分布**:中美洲、圭亚那、哥伦比亚、巴西

**食物**:蟋蟀、蚂蚁、残翅果蝇

## 完美的发育环境

凤梨科植物的叶片有一个个小的轮室，积水后酷似一个个小的池塘，这成了箭毒蛙绝佳的繁殖场所。雌性箭毒蛙把卵产在叶片上，等卵发育为蝌蚪后，雌蛙再将蝌蚪转移到水中。为了防止它们自相残杀，雌蛙必须把它们分开放置在不同的叶片上。

## 毒性很强的原因

箭毒蛙的毒性为何如此之强呢？科学家研究发现，箭毒蛙的毒液是一种神经类毒素。这种毒素会破坏神经的正常功能，当箭毒进入神经系统后，可以引起神经细胞不可逆的去极化。这破坏了神经细胞的工作机理，使神经细胞膜无法传递神经脉冲，因此中枢神经发布的指令无法有效地传递给神经细胞和正常的组织器官，所以毒素会导致心脏骤停，目前还没有有效的药物能够阻止这一过程。不过，箭毒蛙的毒素仅仅以血液为载体，如果没有让血液直接接触毒素，这种毒素会大大失效，最多引起手指皮疹。

21

# 爱子如命的负子蟾

负子蟾趾间全蹼，体侧具有侧线器官，指端有细小的星状附器，有助于寻食，是一种奇特的两栖类动物。

## 独特的身体构造

负子蟾，因其独特的繁殖方式而得名。它体长约 10 厘米，周身呈黑褐色。成年个体眼睛小，没有眼睑。口部缺失角质颌和角质齿，没有舌头。趾间长有发达的蹼，体侧有侧线。

## 独一无二的繁殖方式

负子蟾的繁殖方式非常特殊。它们终生栖息于水中，每年四月开始交配产卵。雌蟾在交配季节分泌一种特殊的气味招来雄蟾；生殖过程中，雄蟾背部朝下，雌蟾把卵产在雄蟾腹部形成受精卵；这时，雌蟾的背部会变得异常柔软，适宜蛙卵发育，并形成一个个蜂窝似的小穴；雄蟾用后肢夹着受精卵，一个个放置到雌蟾背部的小穴里。

两个月后，受精卵发育成熟，幼蛙会冲破覆盖在上面的皮肤出生。这些卵不用经过蝌蚪期，直接发育为小青蛙。这种现象被称作"直接生育"。一旦幼蛙冲破皮肤层，雌蟾会立刻脱落上层皮肤，恢复生殖前的模样，受精卵只有在雌蛙背部才可以发育成熟。

小档案

**别称:** 苏里南蟾

**科名:** 负子蟾科

**特征:** 流线型的身体,平坦的背部和腹部,皮肤
十分光滑,有发达的后足,有侧线系统,但
眼睑是无法自由移动的

**分布:** 南美洲、非洲

## 皮肤光滑，昼伏夜出

雌雨蛙个体长约 4 厘米，雄性个体短小。雨蛙皮肤光滑，通常为绿色，后肢和身体侧面为黑色。雄性个体指垫为浅绿色。雄性最显著的特征是它的声囊，声囊依靠膨胀发声。它们常常夜晚外出捕食，白天则栖息在树根附近的石缝或僻静阴凉的洞穴中。

## 雨蛙大家族

中国南方大部分地区都可以见到雨蛙的身影。在繁殖期，雄蛙靠声囊发声，依靠美妙的歌声吸引雌蛙抱对。当完成交配过程后，雌蛙会将卵产于池塘水中，等待它们发育成熟。

### 小档案

别称：蛙、中国雨蛙、青蛙
科名：雨蛙科
特征：肩带为弧形、椎体前凹，指趾的末端为吸盘，末两骨节之间有一节软骨
分布：亚洲、欧洲、美洲
食物：象鼻虫、椿象、金龟子、蚁类

# 机警的豫南小鲵

豫南小鲵是曾与恐龙同处一个时代、距今3亿多年的古珍稀动物，它对研究环境变迁有重要意义，是一把打开历史的"金钥匙"。

## 栖息地要求极高

豫南小鲵喜欢潮湿的环境，常常生活于溪水附近，其环境适应能力弱，生长环境必须遍布卵石，水质优良，而且必须生长有大量树木。它生性机警，受到惊扰后便迅速回到水下。

## 祁山小精灵

豫南小鲵，是一种体形较小的小鲵科动物。又被称作"挂榜山小鲵"，在未被正式划分种类前，被人们亲切地称作"祁山小精灵。"

豫南小鲵特征明显，头部大而扁，体圆而粗，四肢末端无角质鞘。它的瞳孔虹膜为金黄色，眼球突出，吻部光滑，腹部及侧颈部长有十分明显的褶皱。

别称：挂榜山小鲵
科名：小鲵科
特征：略微扁平的腹部，椭圆形的尾巴的末端
　　　呈侧扁状，前、后肢有指、趾，前肢4指，
　　　后肢5趾，没有蹼
分布：祁山附近

# 消灭害虫的泽蛙

泽蛙是一种分布广泛、种类众多的小型蛙类。它与人类关系较为密切。

## "V"型斑纹

泽蛙外形与虎纹蛙酷似，体型中等，体长10厘米左右，两眼间长有标志性的"V"型斑纹，背部为灰橄榄色或深灰色，夹杂有褚红和深绿色的斑点。

就雌蛙的体型而言，雄蛙略小，长有声囊，咽部为黑色，尾部细长，是身长的两倍。

## 生殖习性

泽蛙一般生活在高纬度地区，秋季进入冬眠期，四月进入繁殖季节，产卵期长，可到五月。热带地区的雌蛙一年可产卵2—3次，雌蛙一般把卵产在水层较浅的静水水域。蝌蚪适应能力强，背部颜色与成年蛙相同，呈现橄榄绿色，一般三周内蝌蚪完成变态过程，发育成熟。

**别称**：泽陆蛙

**科名**：陆蛙科

**特征**：脑袋的长宽相等，类似于方形，吻部有圆的吻棱，尖圆的吻端，两个眼睛之间的距离为上眼睑宽度的一半

**分布**：中国、日本、东南亚地区

**食物**：有害昆虫

# 似鱼非鱼的中国小鲵

中国小鲵是中国特有的珍稀两栖动物，它既不像蜥蜴也不像鱼，跟娃娃鱼相似。

## 喜爱潮湿的环境

中国小鲵常栖息于丘陵等低山地区，是水陆两栖的爬行动物。它们湿润的皮肤具备呼吸功能，但是不能离开水源太久，因此它们的栖息地一般分布在水源附近。它们喜好栖身于湿润的泥土下面。日间休息，阴雨天或傍晚比较活跃。

## 3.5 亿岁的生物活化石

中国小鲵是中国特有种，已在地球上存活 3 亿多年。产卵时间与温度有密切联系。南方地区的中国小鲵产卵时间跨度较大。它们一般在水浅且有很多杂草的池塘中产卵，卵被包裹在一个个卵囊中，约 40 天可以发育为成体。

### 小档案

科名：小鲵科
特征：身体长度为 10—15 厘米，有四只脚，大脑袋呈扁平状，淡黄色的尾巴末端是刀片状的，带有黑色的星点
分布：中国
食物：苔藓、节肢动物的幼虫

# 假死逃生的红腹铃蟾

红腹铃蟾身上艳丽的色彩，可能是向天敌预警，所以有人称之为"警蛙"。

**科名**：铃蟾科
**特征**：浅绿色的背部的皮肤十分粗糙，带有黑色斑点，红色或橙色的腹部，圆盘状的舌头，吻的顶端又高又圆，圆形或者心形的瞳孔
**分布**：东亚、东南亚、欧洲
**食物**：昆虫

## 大个子

红腹铃蟾一般栖息在山溪、沼泽及其附近地区,夜间活动。不过,在繁殖季节,它们会进入水塘或泥坑。红腹铃蟾每年繁殖 2—3 次。

红腹铃蟾产卵于植物叶片上,每次 60—200 枚,卵呈团状,蝌蚪在水中发育。它们的四肢和身体上长有很多凸起,体色较暗。红腹铃蟾的舌头与口腔黏膜相连。

## 装死逃命

当红腹铃蟾受到天敌侵害时,它们会将前肢举起,把头和后腿拱起,形成弓形,把腹部颜色醒目的警示斑块展示给敌人,装出一副已经死亡的样态,直到两三分钟后,才会恢复正常状态,快速逃逸。

# 冬天出生的髭蟾

髭蟾为中国特有物种。髭蟾的发育时间长,易遭天敌吞食,成活率低。

## 身体扁平

髭蟾的身体和头部又宽又扁,这是它最显著的特征。背部分成了纵行,皮肤上有细小的疣粒。在它的胯部有一条长达 10 厘米的像月牙的浅色斑纹。它的眼睛十分奇异,眼球上半部分为蓝绿色,下半部分则为深褐色。雄蟾、雌蟾的凸起主要集中于上颌边缘,颜色略有差异。

## 踪迹难觅

　　人类很少在野外见到髭蟾的踪迹，只有在求偶季节，它们才在千米高山的林涧中鸣叫，吸引异性前来交配。

　　它在每年冬天的十一月上中旬繁殖产卵。卵是团状和圆环状的，随水流飘荡，最后附着于岩石上。

# 堪称模范的产婆蟾

产婆蟾营陆栖生活较多，经常藏匿于石块或洞穴。日间休息，夜晚外出寻食。

## 含辛茹苦的父母

产婆蟾的生殖季节集中于温暖的春夏季节。雌蟾一次大约能产两串卵，每串大约 20—25 枚。交配过程完成后，雄蟾会把这些受精卵转移至巢穴中精心守护，晚上才外出捕食。卵需要保持潮湿，因此雄蟾每隔一段时间就要进入水中，保持卵的湿润。直到 3 个月后卵发育成熟，雄蟾将幼体转移到水中后才离开。

## 身体肥硕，行动迟缓

产婆蟾是一种行动迟缓的水陆两生动物。它身体粗壮短小，体长约 5 厘米，体色为深色，皮肤上有凸起。上颌长有牙齿，舌头不能自由伸出。

## 保护自己的盔甲

　　玳瑁的自我保护意识很强,在抓捕有毒性的猎物时,它们会将眼睛闭上,而且头部的鳞甲也会保护它们免受很多伤害。玳瑁的双颚坚硬有力,可以咬碎螃蟹和贝壳。同时,它们鹰钩状的嘴巴能够帮助它们钩出缝隙里的小虾和乌贼。

### 小档案

**别称**:瑁、瑇玳、鹰嘴海龟、瑇瑁、文甲、十三鳞
**科名**:海龟科
**特征**:有两对前额鳞在脑袋顶部,侧扁的吻,上颚前端呈钩状,像鹰嘴一样
**分布**:热带和亚热带海洋
**食物**:海藻、水母、虾蟹、海绵、海葵、贝类、鱼类

# 极像蚯蚓的钩盲蛇

钩盲蛇一般在地洞里生活,它的形体娇小,喜欢挖洞,所以人们总是将它和蚯蚓混淆。它和蚯蚓最大的不同就是身体不分段节。

钩盲蛇是单性繁殖,目前都是以雌性蛇作为样本,繁殖方式是卵生,每次产 2—7 枚卵,有时也直接生出幼蛇。

22

## 盲眼蛇

钩盲蛇是体型较小的蛇类,身体平均长度为6—17厘米。从外观上看,头尾长得很像,身体分节不明显,双眼退化后只剩两个小圆点,失去了视觉能力,不能构成影像,仅能感受到微弱的光线。成年钩盲蛇身体颜色比较鲜艳,主要为紫色或亮灰色。

## 农民伯伯的帮手

钩盲蛇的栖息地一般选择在市区或者农田,居住于蚂蚁或者白蚁的巢穴中,因为它们以蚂蚁蛋和蚂蚁为主要食物。它们对土壤的湿度和温度有较高的要求,也会生活在潮湿的森林中。除了蚂蚁和白蚁,钩盲蛇还会捕食蛆蝴、昆虫卵、蛹类等,是对农作物有益的蛇类。

### 小档案

**别称:** 地鳝、入耳蛇、铁丝蛇
**科名:** 盲蛇科
**特征:** 半圆形的头很小,没有明显的颈部,钝圆的吻端,短尾巴的末尾很钝
**分布:** 全世界
**食物:** 蚯蚓、白蚁、多足类和其他昆虫

# 生性好斗的古巴鳄

古巴鳄的死敌是眼镜凯门鳄，因为它们会捕食古巴鳄的幼体，这直接导致古巴鳄的数量减少。

## 黑黄相间的皮肤

古巴鳄体长 2 米左右，重 70—80 千克。据说，成年的大型雄性古巴鳄能够生长到 3.5 米，体重 215 千克。在所有鳄鱼中，古巴鳄是一种中型鳄鱼，身体颜色黑黄相间，眼球上有明显的骨质突起，很好识别。

## 喜欢湿地和沼泽

古巴鳄一般在淡水区域生活，湿地和沼泽附近经常能发现它们的身影。它们在地上挖掘自己的巢穴，巢内有不少植物、石灰泥、土壤。生性好斗，攻击力强，擅长跳跃。

## 卵生动物

古巴鳄有时候会与美洲鳄杂交，是一种卵生动物，通常的繁殖季节和产卵期是在每年的 5 月份，每窝产 30—40 枚卵。古巴鳄整体的繁殖期会比美洲鳄稍晚一点。

**别称:** 珍珠鳄

**科名:** 鳄科

**特征:** 体型中等,一般长 3 米左右,少数个体更大,有较短的吻部,身体主要为黑色,间或有黄斑

**分布:** 古巴的萨帕塔沼泽以及青年岛

**食物:** 鱼、小型哺乳动物

## 如何鉴别海龟

海龟有 4 对肋盾和 5 枚椎盾,其中第一对肋盾并未与颈盾连接在一起,在喉盾前生长着一枚间喉盾,在龟甲下方有很多的下缘盾。海龟的吻部较圆较短小,四肢是适合划水的桨型,各肢内侧长有一爪。

## 挖坑产卵

海龟的繁殖季节是每年的 4—10 月,雌雄海龟一般在礁石附近或者沿岸的水域进行交配,时间长达 3—4 小时。结束后雌龟负责寻找合适的地点挖坑产卵,它们先挖一个与自身高度差不多的大坑,然后伏在坑里用后肢挖一个"卵坑",将卵产在里面。雌龟的产卵常在夜晚十点到凌晨三点进行,产完卵,雌龟会用沙子将卵覆盖,然后返回海中。

# 速度很慢的海龟

海龟是一种家喻户晓的龟类,它们爬行速度很慢,和其他龟类有着较为明显的区别。

别称:绿海龟

科名:海龟科

特征:有一对前额鳞在头顶上,前肢比后肢长,
像四只桨,四肢的内侧都长有爪子

分布:印度洋、太平洋、大西洋

食物:海藻

# 构造奇特的海鬣蜥

海鬣蜥在陆地上显得非常笨拙，但是一到水里它们就会非常灵活，可用尾巴游泳，还可在海里捕食。

## 变色能力强

海鬣蜥体色是深灰色，但繁殖期求爱时会从灰色变成黑色，并且长出红色的小斑点。海鬣蜥也具备一定的变色能力，不同季节颜色有所不同。幼年时体色较浅。

## 喜欢日光浴

海鬣蜥对阳光有偏好，其深色的肤色对吸收热量也有帮助。但它们在陆地上没那么灵活，所以晒太阳对它们的危险性很大，为此它们会故意虚张声势，给自己壮胆。

### 小档案

**别称：**加拉帕戈斯海鬣蜥、弗尔南迪纳海鬣蜥

**科名：**美洲鬣蜥科

**特征：**有两个能够定期排出体内多余盐分的腺，长在鼻子和眼睛之间

**分布：**科隆群岛

**食物：**海藻等水生植物

## 奇特的构造

　　海鬣蜥的鼻子和眼睛间有两个腺体，可以排出身体里过量的盐分，有时候它还会打喷嚏，同时喷出白色的颗状物，其实是盐腺在分泌多余的盐分。

　　除此之外，海鬣蜥很会装死，它们能自行调节心律，潜水时心率很慢，浮出水面后心跳加快。之所以有这种心跳停止的本领，是因为这样可以帮助它们逃过鲨鱼的捕食。不仅如此，为了保持潜水时体内的热量，它们还能降低血液流动的速度。

# 擅长捕鼠的黑眉锦蛇

黑眉锦蛇特别爱吃老鼠，所以经常出没在农户的屋檐、房顶等老鼠较多的地方，有"捕鼠大王"的美称。

## 捕鼠能手

黑眉锦蛇抓捕鼠类很在行，能神出鬼没般跟随老鼠，所以在农户的房子里经常会发现它们的踪迹。南方的人们甚至将它称为"家蛇"，它们一年能捕捉150—200只鼠类，是农户清除鼠害的好帮手。

## 性格暴躁

黑眉锦蛇性格暴躁，受到打扰会立刻竖起前部身体，离地20—30厘米，尾部弯成"S"形，做出随时攻击的架势，可谓是脾气非常暴躁了。

## 两条"黑眉"

黑眉锦蛇没有毒性。两条"黑眉"是它们身上最明显的特征，那其实是眼睛后面长着的两条长长的黑色斑纹，从眼部长到颈部，所以被称为"黑眉锦蛇"。它们身体的背部颜色会根据地域产生变化，但多数为棕色或者土黄色。腹部是灰白色的，身体两侧有黑色纵线，一直延伸到尾巴。成年黑眉锦蛇可以长到2.5米。

**小档案**

**别称**：家蛇、锦蛇、花广蛇、称星蛇、眉蛇
**科名**：游蛇科
**特征**：背部中部向后延伸开去，斑纹逐渐消失，
仅有四条明显的黑色纵带到达尾巴末端
**分布**：东南亚
**食物**：鼠类

# 粗心的红纹曲颈龟

    红纹曲颈龟性情平和,活泼好动,可以和其他龟类相处融洽,不会主动进攻其他龟类。

## ✏ 耐寒能力较弱

    红纹曲颈龟比起龟类耐寒能力较弱,较为适合红纹曲颈龟的水温是 23—30 度,当水温下降到 16℃左右便会进入冬眠。在繁殖习性上,红纹曲颈龟要比其他龟类马虎,产卵巢穴位置极容易辨认,一次产卵 7—14 枚,孵化期为 42—49 天。

## ✏ "衣着华丽"

    相比其他龟类,红纹曲颈龟体色艳丽,幼龟外壳红艳似火,极为可爱。但随着长大,红纹曲颈龟的腹甲色彩会逐渐暗淡。

## ✏ 粗枝大叶

    多数龟为了繁衍下一代,会早早地爬上陆地,直到寻找到合适的产卵地往往需要两周之久。红纹曲颈龟选巢只有一两次的寻找,选定地点后挖出的巢穴很浅,连回填土壤也是草草了事。

### 小档案

**别称:**圆澳龟、红喉短颈龟、红纹短颈龟

**特征:**中灰色到炭灰色的背部甲壳上没有花纹,有亮灰色或粉红色的甲桥、甲壳和甲缘,十分显眼

**分布:**澳大利亚、新西兰、新几内亚

**食物:**非常广泛

# 体型庞大的黄金蟒

黄金蟒并不是很常见。如果一条黄金蟒在野外遇到了另一条异性黄金蟒，才有可能繁殖下一代黄金蟒。但这是小概率事件。

## 金黄色的皮肤

黄金蟒的成年个体长度有 5—6 米，雌性体型比雄性大。因为其身体是金黄色的，所以得名"黄金蟒"。黄金蟒的尾部有一部分很小的残肢，雄蛇会在交配时使用它刺激雌蛇。

## 喜高温环境

黄金蟒喜欢高温环境，还有泡水的习惯，多喜欢栖息于季风气候的森林，所以台湾是它们生活的理想环境。黄金蟒虽然外表令人恐惧，但性格很温顺，发脾气时会发出"嘶嘶"声。

**别称:** 印度蟒蛇、缅甸蟒蛇
**科名:** 蟒科
**特征:** 金黄色的身体上有不规则的白色纹路,有顺滑的鳞片,脑袋顶部有热感颊窝
**分布:** 缅甸、越南、印度、泰国北部、斯里兰卡等
**食物:** 哺乳动物、鸟类

# 像龟不是龟的 甲鱼

甲鱼具有很高的价值,是一种中药材料,具有诸多滋补药用功效。

**别称**:水鱼、鳖、团鱼
**科名**:水鳖科
**特征**:脊背和四肢都是暗绿色的,少数背面为浅褐色,腹部是白里透红的
**食物**:鱼、虾、田螺类、蛤蜊等软体动物

## 奇特的外形

甲鱼头部像龟，但是背甲却没有乌龟一般的花纹，颜色墨绿，身形比龟类更小更扁，背腹甲上长的外膜非常柔软，整体的壳要比乌龟软很多。甲鱼的头颈和四肢能够灵活伸缩，四肢各生有五爪，擅长爬行，动作敏捷。

## 三喜三怕

甲鱼的生活习性可以总结为"三喜三怕"。三喜是喜欢安静、阳光、洁净；三怕是害怕惊险、风吹、脏乱。甲鱼的警惕性很高，如果有潜藏的危害出现，它们就会马上潜入水里保护自己。惊吓对甲鱼的生长繁殖都有很不好的影响。

## 对温度敏感

按照节气来看尖吻蝮的活动时期是从惊蛰到大雪,大约 9 个月。它们对温度、湿度、食物都有要求,气温 20—30℃时最活跃,高于 35℃时便会趋向水边乘凉。它们夜间对火把会有攻击倾向,但对手电筒光亮没有特殊反应,证明尖吻蝮对温度变化很敏感。

## 冬眠

尖吻蝮一般在树洞或者废弃鼠洞中过冬,冬眠时间 3 个月左右。洞穴里大蛇小蛇居住在一起,有时甚至不同种类的蛇混居。尖吻蝮的体表温度会随着外界气温的变化而变化。

# 喜好阴凉的尖吻蝮

尖吻蝮主要生活在海拔较高的森林中,夏季一般在山间的水域附近栖息,对生存环境要求较高。

别称：五步蛇、七步蛇、百步蛇
科名：蝰蛇科
特征：大大的脑袋呈三角形，颈部与头部有明
　　　显的区分，长有长管牙
分布：越南北部、中国
食物：棘胸蛙、黄鼬、犬足鼠、社鼠

# 亟待保护的金环蛇

金环蛇是一种环蛇，毒性很强，足以致命，与眼镜蛇、灰鼠蛇并称为"三蛇"。

## 数量稀少

目前，野外的金环蛇数量已经很少；因为它们有很高的食用价值，所以经常被捕杀，数量也急剧减少。另外它们的蛇体可以浸酒，蛇胆也是上等好药，所以二十世纪九十年代末遭到了大肆捕杀，数量下降了一半，亟须保护。

### 小档案

**别称**：金包铁、黄节蛇、黄金甲、金甲带、佛蛇
**科名**：眼镜蛇科
**特征**：椭圆形的脑袋，身上相间排列着黑、黄两色的环形，两色的环纹大小基本相同，短尾巴又圆又钝
**分布**：北纬25度左右及其以南地区
**食物**：蜥蜴、鼠类、蛙类、鱼类

## 形态特征

金环蛇体长 1—1.5 米,头部椭圆,体色为黑褐色,颈部有黄色花斑。尾巴很短,呈三棱形。全身长有黑色与黄色相间的花纹,两色花纹等宽。腹部呈灰白色。

## 不爱活动

金环蛇白天不爱活动,盘着身体静止不动,还会将头深埋在身体下面,但是到了晚上,它会变得很活跃,喜欢外出捕食,偶尔会吃其他蛇类。金环蛇性情温和,行动没有那么迅速,但毒性很强。

# 致命的科莫多巨蜥

科莫多巨蜥是世界上现存的最大的蜥蜴，个头大，尾巴粗，能挖近9米深的洞穴，然后将卵产在洞里。

## 舌头是鼻子

科莫多巨蜥寻找食物的方式很滑稽，它们会摇头晃脑，吐舌头。它们舌头上的味蕾能分辨气味，所以舌头就是它们的鼻子。因为拥有奇特的舌头，一千米远的腐肉都能被科莫多巨蜥"闻"到。

## 致命一咬

科莫多巨蜥咬过的猎物没有能够存活下来的。经过化验，它们的唾液中有成百上千万的细菌。此外，它们还会分泌致命的毒素。被科莫多巨蜥咬过的猎物会出现血压降低、血管扩张以及血液不凝固的症状，所以猎物必死无疑。

### 小档案

**别称**：魔龙、科莫多龙

**科名**：巨蜥科

**特征**：身体和尾巴的长度相等，四肢像成人的手臂一样粗壮，有一个和排球差不多大的脑袋

**分布**：印度尼西亚科莫多岛、弗洛雷斯岛等

**食物**：腐肉